FwDV 7
Feuerwehr-Dienstvorschrift 7
Stand: 2002

Atemschutz

W0230826

Verlag W. Kohlhammer

Diese Dienstvorschrift wurde vom
Ausschuss Feuerwehrangelegenheiten,
Katastrophenschutz und zivile Verteidigung (AFKzV)
auf der 9. Sitzung am 18./19.9.2002 in Bodenheim
genehmigt und den Ländern zur Einführung empfohlen.

Satz und Druck:
W. Kohlhammer Deutscher Gemeindeverlag GmbH
Mit freundlicher Genehmigung des Ausschusses Feuerwehrangelegen-
heiten, Katastrophenschutz und zivile Verteidigung (AFKzV)

Inhaltsverzeichnis

1 Allgemeines

Die Feuerwehr-Dienstvorschriften gelten für die Ausbildung, die Fortbildung und den Einsatz.

Die Feuerwehr-Dienstvorschrift 7 »Atemschutz« soll eine einheitliche, sorgfältige Ausbildung, Fortbildung und einen sicheren Einsatz mit Atemschutz sicherstellen sowie die Voraussetzungen für eine erfolgreiche und unfallsichere Verwendung von Atemschutzgeräten schaffen. Sie enthält die Anforderungen, die an Atemschutzgeräteträger sowie an deren Ausbildung im Atemschutz zu stellen und die bei der Handhabung, Pflege und Wartung der Geräte zu beachten sind.

Neben der Feuerwehr-Dienstvorschrift sind insbesondere zu beachten:

- Unfallverhütungsvorschrift »Feuerwehren« sowie die hierzu ergangenen Durchführungsanweisungen
- Prüf- und Zulassungsrichtlinien sowie einschlägige technische Regeln (Anlage 3)
- Technische Unterlagen der Hersteller (Gebrauchsanleitungen).

Die Funktionsbezeichnungen gelten sowohl für weibliche als auch für männliche Feuerwehrangehörige.

2 Bedeutung des Atemschutzes

Können Einsatzkräfte durch Sauerstoffmangel oder durch Einatmen gesundheitsschädigender Stoffe (Atemgifte) gefährdet werden, müssen entsprechend der möglichen Gefährdung geeignete Atemschutzgeräte getragen werden.

Kenntnisse über Verwendungsmöglichkeiten und Schutzwirkung der Geräte, über Auswahl, Pflege, Wartung und Prüfung der Geräte sowie über Ausbildung und Fortbildung der Atemschutzgeräteträger sind Voraussetzungen für die erfolgreiche Verwendung von Atemschutzgeräten.

3 Anforderungen an Atemschutzgeräteträger

Einsatzkräfte, die unter Atemschutz eingesetzt werden, müssen
- das 18. Lebensjahr vollendet haben;
- körperlich geeignet sein (Die körperliche Eignung ist nach den berufsgenossenschaftlichen Grundsätzen für arbeitsmedizinische Vorsorgeuntersuchungen, Grundsatz G 26 »Atemschutzgeräte«, in regelmäßigen Abständen festzustellen.);
- erneut nach dem Grundsatz G 26 untersucht werden, wenn vermutet wird, dass sie den Anforderungen für das Tragen von Atemschutzgeräten nicht mehr genügen; dies gilt insbesondere nach schwerer Erkrankung oder wenn sie selbst vermuten, den Anforderungen nicht mehr gewachsen zu sein;
- die Ausbildung zum Atemschutzgeräteträger erfolgreich absolviert haben;
- regelmäßig an Fortbildungsveranstaltungen und an Wiederholungsübungen teilnehmen;
- zum Zeitpunkt der Übung oder des Einsatzes gesund sein und sich einsatzfähig fühlen.

Einsatzkräfte, die diese Anforderungen nicht erfüllen, dürfen nicht unter Atemschutz eingesetzt werden.

Einsatzkräfte mit Bart oder Koteletten im Bereich der Dichtlinie von Atemanschlüssen sind für das Tragen für die bei den Feuerwehren anerkannten Atemschutzgeräte ungeeignet. Ebenso sind Einsatzkräfte für das Tragen von Atemschutzgeräten ungeeignet, bei denen aufgrund von Kopfform, tiefen Narben oder dergleichen kein ausreichender Maskendichtsitz erreicht werden kann oder wenn Körperschmuck den Dichtsitz, die sichere Funktion des Atemanschlusses gefährdet oder beim An- bzw. Ablegen des Atemanschlusses zu Verletzungen führen können (zum Beispiel Ohrschmuck).

4 Verantwortlichkeit und Aufgabenverteilung

Der Träger der Feuerwehr ist als Unternehmer für die Sicherheit bei der Verwendung von Atemschutzgeräten verantwortlich. Bei der ordnungsgemäßen Durchführung des Atemschutzes, der Aus- und Fortbildung einschließlich der regelmäßigen Einsatzübungen und der Überwachung der Fristen wird der Unternehmer vom Leiter der Feuerwehr unterstützt.

Der Leiter der Feuerwehr kann die ihm obliegenden Pflichten, insbesondere hinsichtlich der Ausbildung der Einsatzkräfte sowie der Wartung und Prüfung der Atemschutzgeräte, an andere Personen (vergleiche Tabelle 1) übertragen, zum Beispiel an Beauftragte innerhalb der Feuerwehr oder an eine sonstige geeignete Stelle.

Jeder Atemschutzgeräteträger muss – neben der organisatorischen Verantwortung des Leiters der Feuerwehr – aus eigenem Interesse heraus dafür Sorge tragen, dass die regelmäßige Nachuntersuchung innerhalb der vom Arzt festgelegten Frist durchgeführt wird.

Fühlt sich die Einsatzkraft zum Tragen von Atemschutz nicht in der Lage, muss sie dies der zuständigen Führungskraft mitteilen.

Für die Aufgabenverteilung im Atemschutz sind bei Bedarf folgende Funktionen vorzusehen:

Tabelle 1: Funktionen im Atemschutz

Funktion	Verantwortungsbereich	Voraussetzungen
Leiter des Atemschutzes	• Beraten des Leiters der Feuerwehr im Aufgabengebiet Atemschutz • Kontrolle der persönlichen Atemschutznachweise • Überwachen des Aufgabengebietes Atemschutz einschließlich der Aus- und Fortbildung	Ausbildung als Atemschutzgeräteträger; Ausbildung als Gruppenführer
Ausbilder für Atemschutzgeräteträger	Durchführen der Aus- und Fortbildung im Atemschutz	Ausbildung als Ausbilder für Atemschutzgeräteträger
Verantwortliche Führungskraft im Einsatz (in der Regel Gruppenführer, Staffelführer)	• Sicherstellen der Einhaltung der Einsatzgrundsätze im Atemschutz • Sicherstellen der Atemschutzüberwachung	Ausbildung als Gruppenführer; möglichst Ausbildung als Atemschutzgeräteträger; mindestens Kenntnisse über den Atemschutzeinsatz (insbesondere der Einsatzgrundsätze)

Tabelle 1 (Fortsetzung): Funktionen im Atemschutz

Funktion	Verantwortungsbereich	Voraussetzungen
Atem-schutzgerä-teträger	• Gerätesichtprüfung, Einsatz-kurzprüfung vor dem Einsatz • Regelmäßige Prüfung des Luft-vorrates bei Isoliergeräten wäh-rend des Einsatzes • Beginn und Ende des Atem-schutzeinsatzes bei der verant-wortlichen Führungskraft mel-den • Veranlassen der Wartung des Atemschutzgerätes (einschließ-lich des Atemanschlusses) nach Gebrauch in Abstimmung mit dem Fahrzeugführer • Melden festgestellter Mängel	Ausbildung zum Atemschutzgerä-teträger
Gerätewart	Überwachen, Lagern und Verwal-ten von Atemschutzgeräten: • Terminüberwachung • Veranlassen von Geräte-prüfungen • Führen des Gerätenachweises	Ausbildung als Gerätewart
Atem-schutzgerä-tewart	Wie Gerätewart zusätzlich: • Prüfen, Warten und Instandset-zen von Atemschutzgeräten • Mitwirken bei der Aus- und Fortbildung im Atemschutz	Ausbildung als Atemschutz-gerätewart

5 Atemschutzgeräte

5.1 Einteilung der Atemschutzgeräte

Atemschutzgeräte werden entsprechend ihrer Schutzwirkung in Filter- und Isoliergeräte eingeteilt:
- Filtergeräte wirken durch Reinigen der Einatemluft
- Isoliergeräte wirken durch Zufuhr von Atemluft aus dem Luftversorgungssystem

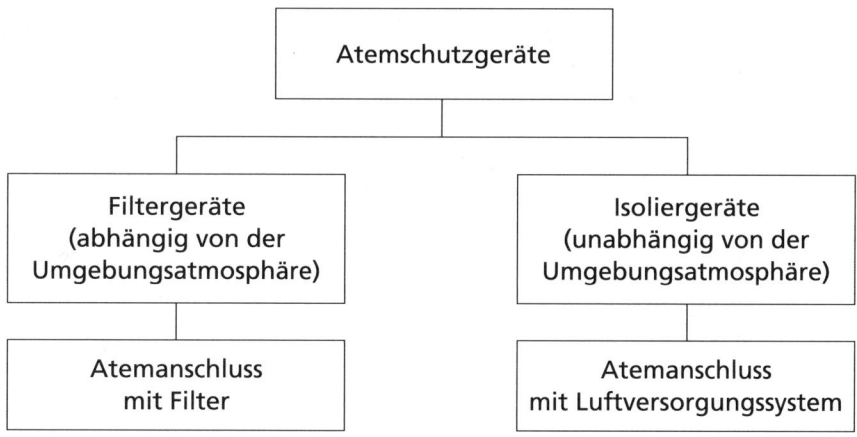

Bild 1 Einteilung der Atemschutzgeräte

Es dürfen nur Atemschutzgeräte verwendet werden, die für den jeweiligen Einsatzzweck geeignet sind. Teil eines jeden Atemschutzgerätes ist der Atemanschluss, der das Gerät mit den Atemwegen des Benutzers verbindet. Als Atemanschluss wird bei der Feuerwehr eine Vollmaske oder eine Masken-Helm-Kombination verwendet.

Die Handhabung der Atemschutzgeräte richtet sich nach den Gebrauchs-anleitungen der Hersteller.

5.2 Zuordnung des Atemanschlusses

Atemanschlüsse können den Einsatzkräften persönlich zugeteilt werden und/oder Teil der Fahrzeugbeladung sein.

Für Einsatzkräfte, die das erforderliche Sehvermögen nur mit einer Brille erreichen, muss eine innenliegende Maskenbrille bereitgestellt und persön-lich zugeteilt werden. Die Maskenbrille muss in den persönlich zugeteilten Atemanschluss eingesetzt sein und im Einsatz und bei Übungen getragen werden. Maskenbrillen, welche über die Dichtlinie des Atemanschlusses verlaufen, sind nicht zulässig.

Wenn der Atemanschluss zur persönlichen Ausrüstung gehört, ist die personenbezogene Zuordnung in geeigneter Weise kenntlich zu machen.

Es ist sicherzustellen, dass jedem Atemschutzgeräteträger ein passender Atemanschluss zur Verfügung steht.

6 Aus- und Fortbildung

Die Ausbildung zum Atemschutzgeräteträger wird nach der Feuerwehr-Dienstvorschrift 2/1 (FwDV 2/1) »Ausbildung der Freiwilligen Feuerwehren« durchgeführt. Die Ausbildung findet an nach Landesrecht anerkannten Ausbildungsstätten statt. Ausbilder für Atemschutzgeräteträger, die nach FwDV 2/1 ausgebildet sind, führen die Ausbildung durch. Sie können von weiteren geeigneten Personen unterstützt werden.

Ziel der Ausbildung ist die Befähigung zum Einsatz unter Atemschutz. Bei der Aus- und Fortbildung sollen sich die Einsatzkräfte an die mit dem Tragen von Atemschutzgeräten verbundenen erschwerten Einsatzbedingungen gewöhnen, sich gemäß den Einsatzgrundsätzen richtig verhalten und die Geräte fehlerfrei handhaben können. Hierfür sind Übungen anzusetzen, die Sicherheit im Umgang mit dem Gerät vermitteln, um auch in gefährlichen Situationen Ruhe und Besonnenheit zu bewahren.

In der Aus- und Fortbildung müssen insbesondere folgende Tätigkeiten geübt werden:

Tabelle 2: Ausbildungsinhalte

Ausbildungsinhalte	Tätigkeiten
Handhabung der Atemschutzgeräte	• Atemschutzgeräte anlegen, in Betrieb nehmen, ablegen und wechseln von Druckbehältern • Durchführen der Einsatzkurzprüfung
Gewöhnung	• Tragen von Atemanschlüssen ohne und mit Gerät

Tabelle 2 (Fortsetzung): Ausbildungsinhalte

Ausbildungsinhalte	Tätigkeiten
Orientierung	• Begehen von abgedunkelten und mit Hindernissen versehenen Objekten • Absuchen von verrauchten und abgedunkelten Objekten
Körperliche Belastung	• Schnelles Gehen • Tragen von Lasten • Begehen und Besteigen von Hindernissen • Besteigen von Leitern • Einsteigen in Behälter und in enge Schächte
Psychische Belastung	• Richtiges Verhalten bei Lärm • Richtiges Verhalten bei plötzlich auftretenden unvorhersehbaren Ereignissen • Richtiges Verhalten bei Fehlern an Geräten
Übung von Einsatztätigkeiten	• Suchen und Retten von Personen, • Einsteigen über Leitern • Bergen von Gegenständen • Vornehmen von Strahlrohren mit Schlauchleitungen • In-Stellung-bringen von Ausrüstungsgegenständen • Ausführen technischer/handwerklicher Arbeiten ohne Sicht • Abgeben von Meldungen über Funk

Tabelle 2 (Fortsetzung): Ausbildungsinhalte

Ausbildungsinhalte	Tätigkeiten
Eigensicherung	• Anlegen der persönlichen Schutzausrüstung • Handhaben von kontaminiertem Gerät, Schutzkleidung und Körperoberflächen • Richtiges Verhalten bei Eigengefährdung auch unter psychischer Belastung • Beachten der Maßnahmen der Atemschutzüberwachung
Notfalltraining	• Suchen, Befreien und In-Sicherheit-bringen von in Not geratenen Atemschutzgeräteträgern • Abgeben von Notfallmeldungen

Unterweisungen über den Atemschutz müssen in die allgemeinen Ausbildungspläne aufgenommen sein und mindestens jährlich durchgeführt werden.

Atemschutzgeräteträger müssen darüber hinaus jährlich mindestens

• eine Belastungsübung nach Anlage 4, Abschnitt 2.1.2.2 in einer Atemschutz-Übungsanlage und

• eine Einsatzübung innerhalb einer taktischen Einheit unter Atemschutz durchführen. Die Einsatzübung kann bei Einsatzkräften entfallen, die in entsprechender Art und Umfang unter Atemschutz im Einsatz waren.

Wer die erforderlichen Übungen nicht innerhalb von zwölf Monaten ableistet, darf grundsätzlich bis zum Absolvieren der vorgeschriebenen Übungen nicht mehr die Funktion eines Atemschutzgeräteträgers wahrnehmen.

Eine Ausbildungsordnung für die Aus- und Fortbildung der Atemschutzgeräteträger für Behältergeräte mit Druckluft (Pressluftatmer) ist als Muster in der Anlage 4 aufgeführt. Für andere Atemschutzgeräte sind entsprechende Ausbildungsordnungen zu erstellen.

Träger von Chemikalienschutzanzügen müssen hierfür ergänzend ausgebildet sein. Die Ausbildung baut auf der Ausbildung zum Atemschutzgeräteträger auf. Ausbildungsziel ist der sichere Umgang mit dem Chemikalienschutzanzug. Als Fortbildung muss jährlich mindestens eine Übung unter Einsatzbedingungen mit dem Chemikalienschutzanzug durchgeführt werden, sofern kein Einsatz unter Chemikalienschutzanzug erfolgt ist. Die Übung kann im Rahmen der einsatzbezogenen Atemschutzübung erfolgen.

7 Einsatzgrundsätze

7.1 Allgemeine Einsatzgrundsätze

- Jeder Atemschutzgeräteträger ist für seine Sicherheit eigenverantwortlich.
- Atemschutzgeräte sind außerhalb des Gefahrenbereiches an- und abzulegen.
- Vor dem Einsatz muss eine Einsatzkurzprüfung durchgeführt werden.
- Zwischen zwei Atemschutzeinsätzen ist eine Ruhepause einzulegen.
- Der Flüssigkeitsverlust der Einsatzkräfte ist durch geeignete Getränke auszugleichen. Vor und während der Einnahme von Speisen und Getränken ist die Hygiene zu beachten.

7.2 Einsatzgrundsätze beim Tragen von Isoliergeräten

Zusätzlich zu den Grundsätzen in Abschnitt 7.1 gelten beim Tragen von Isoliergeräten folgende Einsatzgrundsätze:

- Unter Atemschutzgeräten wird immer truppweise (ein Truppführer und mindestens ein Truppmann) vorgegangen. Die Einsatzkräfte innerhalb eines Trupps unterstützen sich insbesondere beim Anschließen des Atemanschlusses und kontrollieren gegenseitig den sicheren Sitz der Atemschutzgeräte sowie die richtige Lage der Anschlussleitungen und der Begurtung. Der Trupp bleibt im Einsatz eine Einheit und tritt auch gemeinsam den Rückweg an. Vom Grundsatz des truppweisen Vorgehens darf nur bei besonderen Lagen, beispielsweise beim Einstieg in Behälter und in enge Schächte, unter Beachtung zusätzlicher Sicherungsmaßnahmen abgewichen werden. Innerhalb eines Trupps sollen in der Regel gleiche Atemschutzgerätetypen verwendet werden.

- An jeder Einsatzstelle muss für die eingesetzten Atemschutztrupps mindestens *ein* Sicherheitstrupp (Mindeststärke: 0/2/2) zum Einsatz bereit stehen. Je nach Risiko und personeller Stärke des eingesetzten Atemschutztrupps wird die Stärke des Sicherheitstrupps erhöht. Dies gilt insbesondere bei Einsätzen in ausgedehnten Objekten, beispielsweise in Tunnelanlagen und in Tiefgaragen. Der Sicherheitstrupp muss ein entsprechend der zu erwartenden Notfalllage geeignetes Atemschutzgerät tragen.

- An Einsatzstellen, an denen eine Gefährdung von Atemschutztrupps weitestgehend auszuschließen oder die Rettung durch einen Sicherheitstrupp auch ohne Atemschutz möglich ist, beispielsweise bei Brandeinsätzen im Freien, kann auf die Bereitstellung von Sicherheitstrupps verzichtet werden.

- Gehen Atemschutztrupps über verschiedene Angriffswege in von außen nicht einsehbare Bereiche vor, soll für *jeden* dieser Angriffswege mindestens ein Sicherheitstrupp zum Einsatz bereitstehen. Die Anzahl der Sicherheitstrupps richtet sich nach der Beurteilung der Lage durch den Einsatzleiter.

- Jeder Atemschutzgeräteträger des Sicherheitstrupps muss ein Atemschutzgerät mit Atemanschluss angelegt, die Einsatzkurzprüfung durchgeführt sowie nach Lage weitere Hilfsmittel (zum Beispiel Rettungstuch) zum sofortigen Einsatz bereitgelegt haben. Es kann angeordnet werden, dass der Atemanschluss noch nicht angelegt, sondern nur griffbereit ist.

- Werden die Atemschutzgeräte auf der Anfahrt im Mannschaftsraum angelegt, darf die Gerätearretierung erst nach Stillstand des Feuerwehrfahrzeuges an der Einsatzstelle gelöst werden.

- Atemschutzgeräte mit Druckbehälter, die bei Einsatzbeginn weniger als 90 Prozent des Nenn-Fülldruckes anzeigen, sind grundsätzlich *nicht* einsatzbereit.

- Der Truppführer muss vor und während des Einsatzes die Einsatzbereitschaft des Trupps überwachen, insbesondere den Behälterdruck kontrollieren.

- Für den Rückweg ist in der Regel die doppelte Atemluftmenge wie für den Hinweg einzuplanen.

- Die Einsatzdauer eines Atemschutztrupps richtet sich nach derjenigen Einsatzkraft innerhalb des Trupps, deren Atemluftverbrauch am größten ist.

- Jeder Atemschutztrupp muss grundsätzlich mit einem Handsprechfunkgerät ausgestattet sein. An Einsatzstellen, an denen eine Atemschutzüberwachung nicht durchgeführt wird, kann auf die Verwendung von Handsprechfunkgeräten verzichtet werden.

- Nach Anschluss des Atemanschlusses an das Luftversorgungssystem, bei Erreichen des Einsatzzieles und bei Antritt des Rückweges muss sich der Atemschutztrupp über Funk bei der Atemschutzüberwachung melden. Weitere Meldungen sollen lagebedingt abgegeben werden.

- Die Erreichbarkeit der vorgehenden Trupps ist wegen der begrenzten Reichweite von Sprechfunkgeräten zu überprüfen und sicherzustellen. Bricht die Funkverbindung ab, muss der Sicherheitstrupp soweit vorgehen, bis wieder eine Sprechfunkverbindung besteht oder er den Atemschutztrupp erreicht hat. Es ist sofort ein neuer Sicherheitstrupp bereitzustellen.

- Hat der vorgehende Trupp keine Schlauchleitung vorgenommen, so ist das Auffinden des Rückweges beziehungsweise des vorgegangenen Trupps auf andere Weise sicherzustellen (beispielsweise durch eine Feuerwehrleine oder durch ein Leinensicherungssystem). Eine Funkverbindung oder die Verwendung einer Wärmebildkamera ist kein geeignetes Mittel zur Sicherung des Rückweges.

- Falls mit einem Atemschutzgerät ein Unfall passiert, ist der Öffnungszustand des Ventils zu kennzeichnen und schriftlich festzuhalten (auch Anzahl der Umdrehungen bis zum Schließen des Ventils). Der Behälterdruck ist ebenfalls schriftlich festzuhalten. Das Atemschutzgerät (einschließlich des Atemanschlusses) ist sicherzustellen. Unfälle oder Beinaheunfälle sind dem Leiter der Feuerwehr zu melden.

7.3 Einsatzgrundsätze beim Tragen von Filtergeräten

Zusätzlich zu den Grundsätzen im Abschnitt 7.1 und teilweise im Abschnitt 7.2 gelten beim Tragen von Filtergeräten folgende Einsatzgrundsätze:

- Filtergeräte dürfen nur eingesetzt werden, wenn Luftsauerstoff in ausreichendem Maße vorhanden ist.
- Filtergeräte dürfen nicht eingesetzt werden, wenn Art und Eigenschaft der vorhandenen Atemgifte unbekannt sind, wenn Atemgifte vorhanden sind, gegen deren Art oder Konzentration das Filter nicht schützt oder wenn starke Flocken- oder Staubbildung vorliegt.
- Die Einsatzgrenzen der Atemfilter sind zu beachten. In Zweifelsfällen sind Isoliergeräte zu verwenden.
- Gasfilter dürfen grundsätzlich nur gegen solche Gase und Dämpfe eingesetzt werden, die der Atemschutzgeräteträger bei Filterdurchbruch riechen oder schmecken kann. Die Möglichkeit einer Beeinträchtigung oder Lähmung des Geruchssinns durch den Schadstoff ist zu berücksichtigen. Die Herstellerangaben sind zu beachten.
- Bei Verwendung von Atemfiltern ist auf Funkenflug (zum Beispiel Trennschleifen, Brennschneiden) oder offenes Feuer zu achten (Brandgefahr).
- Atemfilter, die geöffnet und benutzt wurden, müssen nach dem Einsatz unbrauchbar gemacht und entsorgt werden. Geöffnete, unbenutzte Filter können zu Ausbildungs- und Übungszwecken verwendet werden.

7.4 Atemschutzüberwachung

Bei jedem Atemschutzeinsatz mit Isoliergeräten und bei jeder Übung mit Isoliergeräten muss grundsätzlich eine Atemschutzüberwachung durchgeführt werden.

Die Atemschutzüberwachung ist eine Unterstützung der unter Atemschutz vorgehenden Trupps bei der Kontrolle ihrer Behälterdrücke. Außerdem erfolgt eine Registrierung des Atemschutzeinsatzes.

Der jeweilige Einheitsführer der taktischen Einheit ist für die Atemschutzüberwachung verantwortlich. Bei der Atemschutzüberwachung können andere geeignete Personen zur Unterstützung hinzugezogen werden. Geeignete Personen müssen die Grundsätze der Atemschutzüberwachung kennen.

Nach einem und nach zwei Drittel der zu erwartenden Einsatzzeit ist durch die Atemschutzüberwachung der Atemschutztrupp auf die Beachtung der Behälterdrücke hinzuweisen.

Die Registrierung soll enthalten:

- Namen der Einsatzkräfte unter Atemschutz gegebenenfalls mit Funkrufnamen
- Uhrzeit beim Anschließen des Luftversorgungssystems
- Uhrzeit bei 1/3 und 2/3 der zu erwartenden Einsatzzeit
- Erreichen des Einsatzzieles
- Beginn des Rückzugs

Für den Atemschutznachweis sind der Name des Atemschutzgeräteträgers, das Datum, der Einsatzort, die Art des Gerätes sowie die Atemschutzeinsatzzeit zu registrieren.

Für die Atemschutzüberwachung sollen geeignete Hilfsmittel zur Verfügung stehen.

7.5 Notsignalgeber

Notsignalgeber erleichtern das Auffinden bei der Suche verunfallter Atemschutzgeräteträger durch optische und/oder akustische Signale.
Deshalb ist die Ausstattung jeder unter Atemschutz eingesetzten Einsatzkraft mit einem Notsignalgeber zu empfehlen.
Die Handhabung der Notsignalgeber richtet sich nach den Gebrauchsanleitungen der Hersteller.

7.6 Notfallmeldung

Eine Notfallmeldung ist ein über Funk abgesetzter Hilferuf von in Not geratenen Einsatzkräften.
Die Notfallmeldung wird mit dem Kennwort »*mayday*« eindeutig und unverwechselbar gekennzeichnet. Dieses Kennwort muss bei allen Notfallsituationen verwendet werden.

Notfallmeldungen werden wie folgt abgesetzt:

Kennwort:	mayday; mayday; mayday
Hilfe suchende Einsatzkraft:	hier <Funkrufname> <Standort> <Lage>
Gesprächsabschluss:	*mayday* – kommen!

8 Instandhalten der Atemschutzgeräte

Atemschutzgeräte einschließlich der Atemanschlüsse müssen pfleglich behandelt, sorgfältig gewartet und regelmäßig geprüft werden. Nicht einsatzbereite Geräte sind zu kennzeichnen und getrennt zu lagern.

Zum Instandhalten der Atemschutzgeräte einschließlich der Atemanschlüsse gehören das Reinigen, Desinfizieren und Wiederherstellen der Einsatzbereitschaft nach dem Gebrauch sowie die Prüfung durch einen Atemschutzgerätewart nach festgelegten Fristen mit Mess- und Prüfgeräten. Diese Arbeiten sind entsprechend den Gebrauchsanleitungen der Hersteller durchzuführen. Atemschutzgeräte sind erst dann wieder einsatzbereit, nachdem sie geprüft und freigegeben sind.

Atemschutzgeräte und Druckbehälter sind in den dafür vorgesehen Halterungen in den Fahrzeugen zu transportieren. Fehlen solche Halterungen, dürfen Atemschutzgeräte und Druckbehälter nur in nach geltendem Gefahrgutrecht geeigneten Transportbehältern oder Transportkisten transportiert werden. Außerdem ist auf die Ladungssicherung nach der Straßenverkehrsordnung zu achten.

9 Dokumentation

9.1 Atemschutznachweis

Jede Einsatzkraft muss einen persönlichen Atemschutznachweis führen; der Atemschutznachweis kann auch zentral geführt werden. In ihm werden die Untersuchungstermine nach G 26, die absolvierte Aus- und Fortbildung und die Unterweisungen sowie die Einsätze unter Atemschutz dokumentiert. Der Leiter der Feuerwehr oder eine beauftragte Person bestätigt die Richtigkeit der Angaben.

Folgende Angaben sind in den Atemschutznachweis mindestens aufzunehmen:

- Datum und Einsatzort
- Art des Gerätes
- Atemschutzeinsatzzeit (Minuten)
- Tätigkeit

9.2 Gerätenachweis

Der Atemschutzgerätewart muss für die Atemschutzgeräte einen Gerätenachweis führen. Der Gerätenachweis muss mindestens enthalten:

- Gerätenummer und Gerätestandort
- Herstellungsdatum
- Instandhaltungsnachweis (Prüfnachweis)
- Verwendungsnachweis,
- Dokumentation von Auffälligkeiten oder Störungen am Atemschutzgerät.

Anlage 1 Begriffsbestimmungen

Atemanschluss

Der Atemanschluss ist der Teil des Atemschutzgerätes, der die Verbindung zwischen Gerät und Geräteträger herstellt. Bei der Feuerwehr wird als Atemanschluss die Vollmaske oder Masken-Helm-Kombination verwendet.

Atemschutzgerät

Das Atemschutzgerät ist ein Gerät, das den Geräteträger vor Atemgiften schützt. Es besteht aus Atemanschluss und Luftversorgungssystem beziehungsweise aus Atemanschluss und Atemfilter.

Atemschutzüberwachung

Atemschutzüberwachung ist die Gesamtheit aller Maßnahmen zur Kontrolle und zur Unterstützung der unter Atemschutz vorgehenden Trupps; sie beinhaltet insbesondere die Registrierung und die Zeitüberwachung des Atemschutzeinsatzes.

Für die Atemschutzüberwachung ist der Einheitsführer der taktischen Einheit verantwortlich. Er kann andere geeignete Personen zur Unterstützung hinzuziehen.

Behälterdruck

Der Behälterdruck ist der zum Zeitpunkt des Ablesens vorliegende Druck im Druckbehälter.

Einsatzdauer des Atemschutztrupps

Die Einsatzdauer des Atemschutztrupps ist die Zeitdauer des ununterbrochenen Atemluftverbrauches oder der Beatmung eines Filters vom Beginn des Atemluftverbrauches oder vom Beginn des Beatmens des Filters bis zur Beendigung des Atemluftverbrauches oder der Beatmung des Filters.

Einsatzkurzprüfung

Eine Einsatzkurzprüfung ist eine zur Sicherheit des Atemschutzgeräteträgers dienende Prüfung der Atemschutzgeräte, die vor dem Atemschutzeinsatz durchzuführen ist.

Filtergerät

Ein Filtergerät ist ein Atemschutzgerät, bei dem die Luft durch einen Filter strömt, bevor sie eingeatmet wird. Es besteht aus einem Filter und einem Atemanschluss.

Fülldruck

Der Fülldruck ist derjenige Druck, mit dem die Druckbehälter für einen Einsatz befüllt werden. Er ist von der Bauart des Atemschutzgerätes abhängig und kann den Herstellerangaben entnommen werden. Bei Pressluftatmern beträgt er in der Regel 200 bar oder 300 bar.

Gasfilter

Gasfilter sind Atemfilter, die vor Gasen und Dämpfen schützen, Partikel aber nicht zurückhalten können.

Beim Einsatz von Gasfiltern ist zum einen die Aufnahmefähigkeit der verschiedenen Stoffe (Filtertyp), zum anderen das Aufnahmevermögen des einzelnen Stoffes (Filterklasse) zu berücksichtigen.

Gasfilter dürfen grundsätzlich nur gegen solche Gase und Dämpfe eingesetzt werden, die der Atemschutzgeräteträger bei Filterdurchbruch auch riechen oder schmecken kann. Die Möglichkeit einer Beeinträchtigung oder Lähmung des Geruchssinns durch den Schadstoff ist zu berücksichtigen.

Gefahrenbereich

Gefahrenbereiche im Sinne der Feuerwehr-Dienstvorschrift 7 sind diejenigen Bereiche einer Einsatzstelle, an denen die Gefahren durch Atemgifte oder Sauerstoffmangel für Menschen und Tiere bestehen.

Hin- und Rückweg

Der **Hinweg** im Sinne der Feuerwehr-Dienstvorschrift 7 ist diejenige Strecke, die der vorgehende Atemschutztrupp nach Beginn der Atemluftversorgung mit dem Atemschutzgerät bis zu dem Ort zurücklegt, an dem er tätig wird (zum Beispiel Brandbekämpfung, Öffnen von Fenstern bei Verrauchung von Gebäuden).

Der **Rückweg** ist diejenige Strecke, die der Atemschutztrupp vom Ort seiner Tätigkeit bis zum Ort, an dem er gefahrlos den Atemanschluss absetzen kann, zurücklegen muss.

Für die Berechnung der voraussichtlich zur Tätigkeit verbleibenden Einsatzzeit ist die für den Hinweg verbrauchte und die für den Rückweg zu erwartende Atemluftmenge der begrenzende Faktor. Für den Rückweg ist in der Regel die doppelte Atemluftmenge einzuplanen, die für den Hinweg verbraucht wurde.

Isoliergerät

Ein Isoliergerät ist ein Atemschutzgerät, das aus einem Atemanschluss und einem Luftversorgungssystem besteht. Es erlaubt dem Benutzer unabhängig von der Umgebungsatmosphäre zu atmen.

Kombinationsfilter

Kombinationsfilter sind Atemfilter, die sowohl Gase und Dämpfe aufnehmen, als auch Partikel zurückhalten. Anwendungsgrenzen in Bezug auf Filtertyp und Filterklasse sind im Einsatz zu beachten (siehe auch »Gasfilter«).

Bei der Feuerwehr werden in der Regel Kombinationsfilter ABEK2-P3 verwendet.

Leinensicherungssystem

Leinensicherungssysteme bestehen aus unterschiedlichen und besonders gestalteten Leinen. Sie dienen Atemschutztrupps, die ohne Schlauchleitung bei eingeschränkter Sicht, insbesondere in großflächigen Räumen vorgehen, zur besseren Orientierung und zum Wiederauffinden des Rückweges sowie zum Auffinden vermisster Atemschutztrupps.

Notsignalgeber

Ein Notsignalgeber ist ein Gerät, das das Auffinden von Hilfe benötigenden oder in Not geratenen Atemschutzgeräteträger durch optische und/oder akustische Signale erleichtert.

Sicherheitstrupp

Der Sicherheitstrupp ist ein mit Atemschutzgeräten ausgerüsteter Trupp, dessen Aufgabe es ist, bereits eingesetzten Atemschutztrupps im Notfall unverzüglich Hilfe zu leisten.

Sicherheitstrupps können auch mit zusätzlichen Aufgaben betraut werden, solange sie in der Lage sind, jederzeit ihrer eigentlichen Aufgabe gerecht zu werden und der Einsatzerfolg dadurch nicht gefährdet ist.

Anlage 2 Auszüge aus der Unfallverhütungsvorschrift Feuerwehren (GUV 7.13) vom Mai 1989, in der Fassung vom Januar 1997 mit Durchführungsanweisungen vom Oktober 1991

Geltungsbereich

§ 1
Diese Unfallverhütungsvorschrift gilt für Feuerwehreinrichtungen und Feuerwehrdienst.

Bauliche Anlagen

§ 4 (1)
Bauliche Anlagen müssen so eingerichtet und beschaffen sein, dass Gefährdungen von Feuerwehrangehörigen vermieden und Feuerwehreinrichtungen sicher untergebracht sowie bewegt oder entnommen werden können.

Zu § 4 Abs. 1:
Diese Forderung ist zum Beispiel bei Einhaltung folgender Regeln erfüllt:
DIN 14 092 Teil 4 »Feuerwehrhäuser; Atemschutz-Werkstätten, Planungsgrundlagen«.
Landesrechtliche Bestimmungen bleiben unberührt.

§ 4 (3)
Atemschutz-Übungsanlagen müssen so eingerichtet sein, dass eine schnelle Rettung von Feuerwehrangehörigen sichergestellt ist.

Zu § 4 Abs. 3:
Diese Forderung ist zum Beispiel bei Einhaltung der DIN 14 093 Teil 1 »Atemschutz-Übungsanlagen; Planungsgrundlagen« erfüllt.

Allgemeines

Persönliche Anforderungen

§ 14

Für den Feuerwehrdienst dürfen nur körperlich und fachlich geeignete Feuerwehrangehörige eingesetzt werden.

Zu § 14:

Maßgebend für die Forderung sind die landesrechtlichen Bestimmungen. Entscheidend für die körperliche und fachliche Eignung sind Gesundheitszustand, Alter und Leistungsfähigkeit.

Bei Zweifeln am Gesundheitszustand soll ein mit den Aufgaben der Feuerwehr vertrauter Arzt den Feuerwehrangehörigen untersuchen.

Die fachlichen Voraussetzungen erfüllt, wer für die jeweiligen Aufgaben ausgebildet ist und seine Kenntnisse durch regelmäßige Übungen und erforderlichenfalls durch zusätzliche Aus- und Fortbildung erweitert. Zur fachlichen Voraussetzung gehört auch die Kenntnis der Unfallverhütungsvorschriften und der Gefahren des Feuerwehrdienstes.

Besondere Anforderungen an die körperliche und fachliche Eignung werden insbesondere an Feuerwehrangehörige gestellt, die als Atemschutzgeräteträger oder als Taucher Dienst tun. Die besondere körperliche Eignung dieser Personen ist gegeben, wenn ihre Eignung als Atemschutzgeräteträger nach den berufsgenossenschaftlichen Grundsätzen für arbeitsmedizinische Vorsorgeuntersuchungen »Atemschutzgeräte« (G 26) und die der Taucher nach den Grundsätzen für die arbeitsmedizinischen Vorsorgeuntersuchungen »Überdruck« (G 31) festgestellt und überwacht wird.

Siehe auch UVV »Arbeitsmedizinische Vorsorge« (GUV 0.6).

Instandhaltung

§ 16

Feuerwehreinrichtungen sind instand zu halten und schadhafte Ausrüstungen, Geräte und Fahrzeuge unverzüglich der Benutzung zu entziehen.

Zu § 16:
Nach DIN 31051 »Instandhaltung; Begriffe und Maßnahmen« umfasst der Begriff »Instandhaltung«: Wartung, Inspektion und Instandsetzung.

Beseitigung von Mängeln: vgl. auch § 16 Abs. 1 UVV »Allgemeine Vorschriften« (GUV 0.1).

Verhalten im Feuerwehrdienst

§ 17 (1)

Im Feuerwehrdienst dürfen nur Maßnahmen getroffen werden, die ein sicheres Tätigwerden der Feuerwehrangehörigen ermöglichen. Im Einzelfall kann bei Einsätzen zur Rettung von Menschenleben von den Bestimmungen der Unfallverhütungsvorschriften abgewichen werden.

Zu § 17 Abs. 1:
Diese Forderung ist zum Beispiel erfüllt, wenn
– das Tragen der persönlichen Schutzausrüstung überwacht wird. Die Pflicht zum Tragen persönlicher Schutzausrüstung ergibt sich aus § 14 UVV »Allgemeine Vorschriften« (GUV 0.1),
– die Anforderung bei Ausbildung, Übung und Einsatz den körperlichen und fachlichen Fähigkeiten der Feuerwehrangehörigen angemessen sind,
– Anordnungen und Maßnahmen am Einsatzort den feuerwehrtechnischen Belangen entsprechen, unter Beachtung der Bestimmungen dieser Unfallverhütungsvorschrift,
– bei Einsätzen mit Gefährdung durch gefährliche Stoffe die Verordnung

über gefährliche Stoffe und die besonderen landesrechtlichen Bestimmungen zu gefährlichen Stoffen und Gütern beachtet werden,
- bei Einsätzen mit Gefährdungen durch radioaktive Stoffe und beim Umgang mit radioaktiven Stoffen zu Ausbildungs- und Übungszwecken die Strahlenschutzverordnung und die besonderen landesrechtlichen Bestimmungen zum Strahlenschutz der Feuerwehren beachtet werden,
- von sportlichen Übungen, die mit erhöhten Verletzungsgefahren für die Feuerwehrangehörigen verbunden sind, abgesehen wird.

§ 17 (2)
Die speziellen persönlichen Schutzausrüstungen sind nach der Einsatzsituation zu bestimmen.

Einsatz mit Atemschutzgeräten

§ 27 (1)
Können Feuerwehrangehörige durch Sauerstoffmangel oder durch Einatmen gesundheitsschädigender Stoffe gefährdet werden, müssen je nach der möglichen Gefährdung geeignete Atemschutzgeräte getragen werden.

§ 27 (2)
Beim Einsatz mit von der Umgebungsatmosphäre unabhängigen Atemschutzgeräten ist dafür zu sorgen, dass eine Verbindung zwischen Atemschutzgeräteträger und Feuerwehrangehörigen, die sich in nicht gefährdetem Bereich aufhalten, sichergestellt ist.

§ 27 (3)
Je nach der Situation am Einsatzort muss ein Rettungstrupp (Anmerkung: gleichbedeutend mit dem Sicherheitstrupp nach FwDV 7) mit von der Umgebungsatmosphäre unabhängigen Atemschutzgeräten zum sofortigen Einsatz bereitstehen.

Anlage 3 Übersicht über atemschutzspezifische Regeln und Hinweise

DIN EN 132	Atemschutzgeräte Definitionen von Begriffen und Piktogrammen
DIN EN 133	Atemschutzgeräte Einteilung
DIN EN 134	Atemschutzgeräte Benennung von Einzelteilen
DIN EN 135	Atemschutzgeräte Liste gleichbedeutender Begriffe
DIN EN 136	Atemschutzgeräte Vollmasken
DIN EN 137	Atemschutzgeräte Behältergeräte mit Druckluft (Pressluftatmer)
DIN EN 141	Atemschutzgeräte Gasfilter und Kombinationsfilter – Anforderungen, Prüfung, Kennzeichnung
DIN EN 143	Partikelfilter
DIN EN 148–1	Atemschutzgeräte – Gewinde für Atemanschlüsse – Teil 1: Rundgewindeanschluss
DIN EN 148–2	Atemschutzgeräte – Gewinde für Atemanschlüsse – Teil 2: Zentralgewindeanschluss
DIN EN 148–3	Atemschutzgeräte – Gewinde für Atemanschlüsse – Teil 3: Gewindeanschluss M 45x3

DIN EN 145	Atemschutzgeräte – Regenerationsgeräte mit Drucksauerstoff oder Drucksauerstoff/-stickstoff – Anforderungen, Prüfung, Kennzeichnung
DIN EN 403	Atemschutzgeräte für Selbstrettung Filtergeräte mit Haube für Selbstrettung bei Bränden – Anforderungen, Prüfung, Kennzeichnung
DIN EN 943–2	Schutzkleidung gegen flüssige und gasförmige Chemikalien, einschließlich Flüssigkeitsaerosole und feste Partikel Teil 2: Leistungsanforderungen für gasdichte (Typ 1) Chemikalienschutzanzüge für Notfallteams (ET)
DIN EN 1089–3	Kennzeichnung Druckgasflaschen
DIN EN 12021	Druckluft für Atemschutzgeräte
E DIN EN 13105	Atemschutzgeräte – Vollmasken in Verbindung mit Kopfschutz zum Gebrauch als ein Teil eines Atemschutzgerätes für Feuerwehr – Anforderungen, Prüfung, Kennzeichnung
E DIN EN 13911	Schutzkleidung für die Feuerwehr – Anforderungen und Prüfverfahren für Feuerschutzhauben für die Feuerwehr
DIN 14093–1	Atemschutz-Übungsanlagen – Teil 1: Planungsgrundlagen
DIN 58600	Atemschutzgeräte – Steckverbindung zwischen Lungenautomat für Pressluftatmer in Überdruck-Ausführung und Atemanschluss für die deutschen Feuerwehren

vfdb-Richtlinie 0802	Richtlinie – Regeln für die Auswahl von Atemschutzgeräten und Chemikalienschutzanzügen für Einsatzaufgaben bei den Feuerwehren
vfdb-Richtlinie 0804	Wartung von Atemschutzgeräten für die Feuerwehren
vfdb-Richtlinie 1003	Schadstoffe bei Bränden
GUV 20.14	Merkblatt »Regeln für den Einsatz von Atemschutzgeräten«
BGR 190	Merkblatt »Regeln für den Einsatz von Atemschutzgeräten«
DIN-Fachbericht 37/ CEN-Bericht 529:	Anleitung zur Auswahl und Anwendung von Atemschutzgeräten Berufsgenossenschaftliche Grundsätze für arbeitsmedizinische Vorsorgeuntersuchungen des Hauptverbandes der gewerblichen Berufsgenossenschaften EG-Richtlinie 89/686/EWG Persönliche Schutzausrüstung EG-Richtlinie 89/656/EWG Arbeitsplatzrichtlinie Betriebssicherheitsverordnung

Die Gültigkeit der obigen Richtlinien, Vorschriften und Berichte ist gegebenenfalls von länderspezifischen Festlegungen abhängig.

Anlage 4 Muster einer Ausbildungsordnung für die Aus- und Fortbildung der Atemschutzgeräteträger für Behältergeräte mit Druckluft (Pressluftatmer)

1 Allgemeines

Ziel der Ausbildung ist, den Atemschutzgeräteträger zum Einsatz unter Atemschutz zu befähigen und diese Befähigung sowie dessen Einsatzbereitschaft unter physischen und psychischen Belastungen zu erreichen sowie in der Fortbildung zu erhalten.

2 Ausbildung zum Atemschutzgeräteträger

Die Ausbildung wird nach den Festlegungen der Feuerwehr-Dienstvorschrift 2/1 »Ausbildung der Freiwilligen Feuerwehren« durchgeführt.

Für die Ausbildung ist eine der Norm DIN 14 093, Teil 1 und gegebenenfalls weiterer Vorschriften der Länder entsprechende Atemschutz-Übungsanlage erforderlich.

Die geltenden Unfallverhütungsvorschriften (zum Beispiel Unfallverhütungsvorschrift Feuerwehren GUV 7.13) sind bei den Übungen einzuhalten.

Die Übungen sind von Ausbildern für Atemschutzgeräteträger zu überwachen. Je nach Art und Umfang der Übungen können weitere im Atemschutz erfahrene Kräfte (zum Beispiel Atemschutzgerätewart) für die Überwachung eingesetzt werden.

Während der Ausbildung muss gewährleistet sein, dass bei Unfällen und anderen Notfällen unverzüglich Hilfe geleistet werden kann.

Das Ausbildungsziel wird unter anderem durch die vom Atemschutzgeräteträger im Rahmen der bei einer Belastungsübung zu erbringenden Arbeit von 80 kJ mit einem Atemluftvorrat von 1600 Liter und durch Einsatzübungen erreicht.

Erreicht der Atemschutzgeräteträger das Ausbildungsziel bei der Belastungsübung nach Ziffer 2.1.2.2 auch bei einer Wiederholung nicht, muss eine erneute arbeitsmedizinische Untersuchung durchgeführt werden. Danach muss die Belastungsübung wiederholt werden. Liegen zwischen erstmaliger Belastungsübung und der Wiederholung mehr als zwölf Monate, muss die gesamte Ausbildung zum Atemschutzgeräteträger wiederholt werden.

2.1 Übungen unter Atemschutz

2.1.1 Handhabung der Atemschutzgeräte

Bei Übungen werden das An- und Ablegen des Atemanschlusses, der zusätzlichen Schutzausrüstung (zum Beispiel der Feuerschutzhaube), des Atemschutzgerätes sowie das korrekte Durchführen der Sicht-, Dicht- und Funktionskontrolle trainiert.

Bei den Übungen ist der Wechsel der Druckbehälter und die Einsatzkurzprüfung durchzuführen.

Die Atemschutzgeräteträger werden durch Begehen des Übungsraumes der Atemschutz-Übungsanlage und anderer für die Übung geeigneter Objekte oder Flächen an das Tragen von Atemschutzgeräten gewöhnt. Durch Begehen einer verdunkelten und vernebelten Strecke in der Atemschutz-Übungsanlage wird die Sicherheit für Einsätze in unbekannten Bereichen vermittelt.

2.1.2 Körperliche Belastung

Die körperliche Belastung kann im Wesentlichen nur durch Tätigkeiten an den Arbeitsmessgeräten erfasst werden. Das Begehen der Orientierungsstrecke erfolgt gehend und kriechend ohne zusätzliche Aufgaben und Belastungen der Einsatzkräfte.

Die den Übungsteilen zugeordneten Belastungswerte sind teilweise in Abschnitt 4 dieser Anlage aufgeführt.

2.1.2.1 Belastungsgewöhnungsübung

Der Atemschutzgeräteträger soll bei wechselnder und abgestufter Belastung körperliche Arbeit verrichten. Diese Arbeit ist abwechselnd durch Begehen der Orientierungsstrecke und durch Tätigkeit an den Arbeitsmessgeräten zu verrichten. Dazu kann während der Übung der Übungsraum verdunkelt werden.

Bei der Belastungsgewöhnungsübung muss eine Gesamtarbeit von 60 kJ erbracht werden.

Beispiel für einen Übungsablauf:

– Begehen der Orientierungsstrecke im Übungsraum

Streckenlänge so wählen, dass 15 kJ erbracht werden

– Verrichten von 15 kJ Arbeit an mindestens zwei verschiedenen Arbeitsmessgeräten im Konditionsraum *zum Beispiel Endlosleiter, Laufband, Fahrradergometer*

– Begehen der *verdunkelten* Orientierungsstrecke im Übungsraum

Streckenlänge so wählen, dass 15 kJ erbracht werden

– Verrichten von 15 kJ Arbeit an mindestens zwei verschiedenen Arbeitsmessgeräten im Konditionsraum

zum Beispiel Endlosleiter, Laufband, Fahrradergometer

Die Belastungsgewöhnungsübung wird nur bei der Ausbildung und nicht
bei der Fortbildung gefordert.

2.1.2.2 Belastungsübung

Die Belastungsübung ist in einer nach DIN 14 093 gestalteten Atemschutz-
Übungsanlage oder in mindestens einer für eine Belastungsübung geeigneten, gleichwertigen Anlage durchzuführen.

Bei der Belastungsübung ist mit dem Atemluftvorrat von 1600 Litern
eine Gesamtarbeit von 80 kJ, ab dem 50. Lebensjahr von 60 kJ, zu erbringen.

Beispiel für einen Übungsablauf:

– Begehen der Orientierungsstrecke im Übungsraum

Streckenlänge so wählen, dass 15 kJ erbracht werden

− Verrichten von 25 kJ Arbeit an mindestens zwei verschiedenen Arbeitsmessgeräten im Konditionsraum

zum Beispiel Endlosleiter, Laufband, Fahrradergometer

− Begehen der *verdunkelten* Orientierungsstrecke im Übungsraum

Streckenlänge so wählen, dass 15 kJ erbracht werden

− Verrichten von 25 kJ Arbeit an mindestens zwei verschiedenen Arbeitsmessgeräten im Konditionsraum

zum Beispiel Endlosleiter, Laufband, Fahrradergometer

2.1.3 Einsatzübungen

Bei den Übungen soll der Atemschutzgeräteträger möglichst unter Einsatzbedingungen einsatztypische Tätigkeiten ausführen; beispielsweise Retten
von Personen, Durchführen von Notfallübungen, Vornehmen von Strahl-
rohren mit Schlauchleitungen unter Druck, Öffnen von Türen, Absuchen
von Räumen mit unterschiedlichen Rückwegsicherungen, Kennzeichnen
von Räumen, Besteigen von Leitern, Einsteigen in Fensteröffnungen, In-
Stellung-bringen von Ausrüstungsgegenständen, Bergen von Gegenstän-
den, Verrichten von handwerklichen Arbeiten.

Bei jeder Einsatzübung muss eine Atemschutzüberwachung durchgeführt werden.

Bei Einsatzübungen ist ein Notfalltraining durchzuführen (zum Beispiel
verunfallter Atemschutzgeräteträger, Atemluftvorrat neigt sich dem Ende,
Rückweg versperrt, Notfallmeldung abgeben).

Folgende beispielhafte Hinweise zur realitätsnahen Darstellung und Durchführung der Einsatzübungen sollen beachtet werden:

– Durch akustische Darstellungsmittel (zum Beispiel durch Einspielen von Hilfeschreien, Explosionsgeräuschen, Hundegebell) sowie durch Wärmequellen im Bereich von Engstellen und Durchstiegen in der Orientierungsstrecke können einsatzmäßige Bedingungen erzeugt werden.

– Durch optische Darstellungsmittel (zum Beispiel durch Flackerlampen) und Vernebelung kann das Auffinden des Brandherdes erschwert werden.

– Durch das Anbringen von Beschilderungen (zum Beispiel Gefahrenzeichen, Türschilder) und die Verwendung von zusätzlichen Darstellungsmitteln (zum Beispiel Atemluftbehältern, Behältnisse für Gefahrstoffe) kann das Absetzen von Lagemeldungen geübt werden.

3 Fortbildung von Atemschutzgeräteträgern

Ziel der jährlichen Fortbildung ist es, die Befähigung zum Einsatz unter Atemschutz zu erhalten und die körperliche Belastbarkeit zu überprüfen.

Im Rahmen der jährlichen Fortbildung müssen neben der theoretischen Unterweisung mindestens zwei Übungen innerhalb von zwölf Monaten durchgeführt werden.

Bei der Belastungsübung muss die nach Abschnitt 2.1.2.2 geforderte Gesamtarbeit erbracht werden. Wird das Ausbildungsziel auch bei einer Wiederholung nicht erreicht, muss der Atemschutzgeräteträger eine arbeitsmedizinische Untersuchung durchführen lassen.

Die zweite Übung soll unter Einsatzbedingungen in einem dafür geeigneten Objekt durchgeführt werden; dies kann auch eine Atemschutz-Übungsanlage oder eine gleichwertige Anlage (zum Beispiel Brandübungsanlage) sein. Die Einsatzübung muss Ausbildungsinhalte nach Abschnitt 6, Tabelle 2 der FwDV 7 enthalten. Diese Einsatzübung kann bei Einsatzkräften entfallen, die in entsprechender Art und Umfang unter Atemschutz im Einsatz waren.

Wer die erforderlichen Übungen nicht innerhalb von zwölf Monaten ableistet, darf grundsätzlich bis zum Erbringen der vorgeschriebenen Übungen die Funktion Atemschutzgeräteträger *nicht* wahrnehmen.

4 Belastungswerte

Beispielhaft sind folgende Belastungswerte anzusetzen:

Übungsteil	Belastungswert	Hinweise
zehn Meter Steigen (Treppe oder Leiter)	10 kJ	angesetztes Durchschnittsgewicht eines Feuerwehrangehörigen einschließlich Dienstkleidung, persönlicher Ausrüstung und Atemschutzgerät: 100 kg
zehn Meter Orientierungsstrecke	4 kJ	entspricht einer Orientierungsstrecke mit durchschnittlicher Schwierigkeit: teils kriechend, teils gehend – der Wert wurde aus Vergleichsmessungen des Sauerstoff-/Luft-Verbrauchs empirisch ermittelt
hundert Meter-Laufband	10 kJ	entspricht einer Laufgeschwindigkeit von 6 km/h bei einer Steigung von 10 Prozent

Als Arbeitsmessgeräte können auch andere geeignete Sportgeräte verwendet werden; zum Beispiel Fahrradergometer. Für diese Sportgeräte sind die Belastungswerte den Gerätebeschreibungen zu entnehmen.